Extrait d'un Rapport fait à la Société d'Emulation de Rouen, dans sa séance du 15 décembre 1822.

. . . .

Le Mémoire dont je viens d'avoir l'honneur de vous rendre compte, est le travail d'un homme qui connaît très bien l'hydraulique; ce Mémoire fait voir que l'auteur a d'abord cherché à apprécier tous les inconvéniens des roues hydrauliques en usage, afin de les éviter; qu'il y a en très grande partie réussi, dans la roue qu'il propose et qui me paraît très sagement conçue. Je ne douterais pas de son succès, quand je n'aurais d'ailleurs appris par des personnes dignes de foi qu'elle est en activité, et produit tout l'effet qu'on est en droit d'en attendre.

Je pense que la Société doit féliciter M. Lhuillier de son invention, le remercier de la communication qu'il lui a donnée de son Mémoire, et lui prouver sa satisfaction en l'admettant au nombre de ses correspondans.

Lévy le jeune, *rapporteur*.

Certifié pour extrait conforme. Rouen, le 1er mars 1823,

Lebret, *secrétaire*.

QUELQUES
IDÉES NOUVELLES
SUR
L'ART D'EMPLOYER L'EAU,
COMME MOTEUR
DES ROUES HYDRAULIQUES;

PAR M. A. LHUILLIER,

MEMBRE CORRESPONDANT DE LA SOCIÉTÉ LIBRE D'ÉMULATION DE ROUEN.

PARIS,

BACHELIER, LIBRAIRE, SUCCESSEUR DE Mme Ve COURCIER,
QUAI DES GRANDS-AUGUSTINS, N° 55.

1823.

IMPRIMERIE DE HUZARD-COURCIER,
rue du Jardinet, n° 12.

QEULQUES IDÉES NOUVELLES

SUR

L'ART D'EMPLOYER L'EAU

COMME MOTEUR

DES ROUES HYDRAULIQUES.

CHAPITRE PREMIER.

Il existe deux moyens de communiquer à un mobile la force impulsive d'un courant d'eau, la percussion et la pression.

Dans l'emploi du premier moyen, l'eau, arrêtée par un barrage, tombe de son poids simple, ou de son poids augmenté par une puissance quelconque, sur le mobile que l'on veut mettre en mouvement.

Pour employer le second moyen, il ne s'agit que d'amasser, sur ou contre le mobile, une quantité d'eau dont le poids excède celui auquel peut être évaluée la résistance qui s'oppose au mouvement de ce mobile.

Le premier moyen est journellement employé à faire tourner les roues hydrauliques. Ces roues sont, à leur circonférence, armées de palettes appelées *aubes,* plus ou moins distantes les unes des autres, et plus ou moins inclinées au rayon de la roue.

L'eau, retenue par un barrage, ou par tout autre moyen, au-dessus du plus bas niveau du courant, se déverse, et, tombant d'une hauteur plus ou moins grande sur les aubes de la roue, qui se succèdent l'une à l'autre sans interruption, les entraîne, et détermine ainsi le mouvement continu de la roue, à laquelle elle communique une partie de la force vive qu'elle a elle-même acquise dans sa chute.

Je dis une partie de sa force vive : il est démontré que, dans le choc des corps durs, une partie des forces vives des mobiles se trouve perdue. Ce principe ayant son application au cas dont il s'agit ici, l'on en conclura facilement que l'eau, tombant sur l'aube de la roue, n'a pu lui communiquer la totalité de la force vive qu'elle possédait au moment de son choc contre cette aube.

Des calculs mathématiques d'un rang tr

élevé pour trouver place dans cet Abrégé, que d'ailleurs il entre dans notre but de mettre à la portée de tous les praticiens, ont prouvé que la vitesse des aubes doit être, pour qu'on obtienne le maximum d'effet que peut produire le courant, égale à la moitié de celle acquise par la masse d'eau au moment de la percussion, et que, dans ce cas, la quantité de force vive perdue est égale à la moitié de la force possédée par le fluide : d'où il résulte cette conséquence, qu'une roue mise en mouvement par la percussion de l'eau ne peut produire qu'un effet égal à la moitié de l'effort qu'exercerait sur elle le fluide, si la vitesse de cette roue était nulle, c'est-à-dire que la moitié de la puissance du courant est perdue pour la roue qu'il met en mouvement.

Ainsi, pour réduire cette vérité à sa plus simple expression, il s'ensuit, comme le confirme l'expérience, qu'une roue à percussion ne peut élever à une hauteur égale à celle de la chute, en supposant la résistance et la puissance appliquées à la même distance du point d'appui, qu'un poids égal à la moitié de celui de l'eau immédiatement déversée sur l'aube. Ainsi donc, si l'on exprime par 1 le poids réel de l'eau consommée, on ne pourra, par la percussion, vaincre au moyen de cette eau, et dans le même temps, qu'une résistance représentée par $\frac{1}{2}$. Tel est le plus grand effet qu'il soit possible d'obtenir des roues à percussion, vulgairement appelées *roues à aubes*, à cause de leur construction ; encore est-il très rare qu'on obtienne ce résultat : il faudrait, pour y réussir, remplir plusieurs conditions qui présentent des difficultés toutes plus insurmontables les unes que les autres.

Je ne m'appesantirai que sur les plus importantes. Il faut déterminer le degré de vitesse nécessaire à donner à la roue. Cette vitesse doit être, comme nous l'avons dit, proportionnée à celle acquise par le courant au moment de la percussion. Cette vitesse dépend elle-même de la hauteur de la chute, qui varie à chaque instant avec la hauteur du niveau de l'eau affluente. Cette condition, relative à la vitesse nécessaire pour obtenir de la roue, par la percussion, le maximum d'effet que l'eau puisse produire, est donc impossible à remplir d'une manière suivie. En outre, le seul motif qui doive déterminer à employer ces roues, est d'imprimer à la machine finale le mouvement, immédiatement, et tout-à-la-fois, de faire en sorte que ce mouvement soit assez prompt pour donner un résultat suffisamment avantageux. Dans tout autre cas, c'est-à-dire dans tous les cas où la machine finale reçoit le mouvement par des organes intermédiaires, tels que leviers, poulies ou engrenages, l'emploi obstinément fait des roues à percussion n'est dû qu'à l'ignorance des praticiens. Mais, dans le seul cas où ces roues soient sagement employées, il est encore extrêmement rare que l'on puisse se contenter du degré de vitesse voulu par la théorie. Si l'on s'y astreignait, on manquerait d'atteindre le but, qui est justement la vitesse, jointe à la simplicité des moyens de mouvement : aussi voit-on souvent ces roues tourner avec une vitesse à peu près égale à celle du fluide.

Il en résulte qu'elles ne peuvent vaincre qu'une résistance de beaucoup inférieure à la moitié de la puissance; et que, par là, elles font perdre à celui qui les emploie plus de la moitié de ses moyens.

L'emploi de ces roues deviendra donc de plus en plus rare à mesure que ces vérités de fait et de calcul deviendront plus vulgaires;

déjà même il est abandonné de tous les vrais mécaniciens, c'est-à-dire de ceux qui n'essaient de produire des effets qu'après avoir soumis au calcul l'emploi de leurs forces, et ne s'exposent ainsi à en consommer improductivement la plus grande partie qu'autant qu'ils y sont condamnés par l'imperfection de l'intelligence humaine.

Nous ne traiterons donc pas plus longuement de ces roues, dont il devrait suffire de signaler le vice essentiel, pour disposer de plus en plus les hommes de l'art à leur substituer les roues à pression, dont nous allons nous occuper exclusivement.

CHAPITRE II.

Des roues verticales à pression verticale.

§ Ier. *Des roues prenant l'eau par dehors.*

Il existe plusieurs moyens d'appliquer la pression de l'eau aux roues hydrauliques verticales. Le moyen le plus généralement usité consiste à déverser l'eau du réservoir dans des augets fixés à la circonférence de la roue. Cette disposition a fait donner à ces sortes de roues le nom de roues à *auget*, à *pot* ou à *godet*.

Elles sont tellement connues, que nous n'examinerons leur construction que pour en signaler aux praticiens les principaux défauts, et leur proposer les perfectionnemens dont il résulterait une augmentation d'effet avec une même dépense d'eau.

Soit la circonférence ABCD de la roue vue

par le côté; FGHI la circonférence du cercle servant de fond aux augets; AF, BG, HC, ID forment une bande circulaire en planches, au-dessous de laquelle sont fixées les planches servant de fond aux augets, destinées à joindre entre elles, par ce fond, les bandes circulaires pareilles à FGHI, aussi nombreuses que l'exige la longueur cylindrique de la roue.

Dans la pratique la plus ordinaire, on partage la circonférence extérieure ABCD en autant de divisions égales qu'on veut y appliquer d'augets, mais de façon que leur orifice soit de 18 à 20 pouces; puis on partage en un pareil nombre de divisions correspondantes aux mêmes rayons, la circonférence intérieure FGHI; et séparant ces divisions par des cloisons A*f*, *ag*, *bh*, etc., joignant une division du cercle intérieur *f* à la division immédiatement supérieure à sa correspondante au cercle extérieur, on forme les augets dont le profil est représenté par les figures A*agf*, *abhg*, etc.

Cette construction a plusieurs défauts : nous allons proposer quelques moyens de corriger ceux qui nous paraissent les plus importans.

Ces roues n'étant mises en mouvement que par la pression qu'exerce le poids de l'eau contenue dans les augets, il est facile de concevoir que plus long-temps ils conservent cette eau sans déperdition pendant le mouvement de rotation, et plus l'effet produit est grand pour une même dépense d'eau.

Pour peu qu'on observe les résultats de la construction que je viens de représenter, on remarquera qu'à peine la roue aura fait un mouvement égal à la hauteur *a*A d'un auget, déjà l'eau prenant toujours son niveau, la quantité d'eau contenue dans l'auget A*agf* est diminuée d'une quantité d'eau égale à un prisme ayant pour base le triangle *lbm* pour la position *abhg ; ncu* pour la position *bcih ; sdt* pour la position *cdxi ;* et que cette diminution s'accroît progressivement pour chaque position; de manière qu'à peine à la fin du quart de la révolution de la roue, chaque auget a déjà perdu plus de la moitié de l'eau qu'il a reçue, cette eau étant déversée à la hauteur de l'extrémité supérieure du diamètre vertical ; et que bien avant que la moitié de la révolution soit achevée, les augets n'en contiennent plus qu'une quantité si petite, que sa pression est à peu près de nul effet (1).

Ajoutons à cette considération que, selon les lois de la Statique, c'est au point B que le poids de l'eau exerce la plus grande force, et qu'arrivé à ce point, chaque auget a perdu plus de la moitié de son eau.

Cette consommation d'une partie de la force motrice en pure perte, provient d'un vice inhérent à ces sortes de roues. En effet, il est impossible, quelque forme qu'on donne aux augets, de leur faire conserver, s'ils se sont entièrement remplis, la totalité de leur eau, jusqu'au point où son poids produirait un effet contraire à celui qu'on se propose d'opérer, ce qui n'aurait évidemment lieu que passé l'extrémité inférieure du diamètre vertical.

---

(1) Il est vrai que ce défaut n'a un résultat vrai ment préjudiciable que dans les roues mues par u fort courant d'eau; celles qui ne sont mues que pa un filet portent toujours des augets trop grands pou s'emplir totalement, et perdent par conséquent trè peu d'eau dans leur mouvement de rotation. Mai pour peu que le produit du courant s'approche d 60 à 80 pieds cubes par minute, les augets ne pe vent avoir une assez grande capacité pour éviter perte que nous signalons.

Mais on peut considérablement diminuer le résultat de cette défectuosité, en donnant aux augets une forme différente de celle qu'ils ont le plus habituellement; et la facilité d'exécution, jointe à l'évidente certitude du succès, rendent, je pourrais dire, inexcusable la négligence que les constructeurs mettent à économiser, par ce moyen, une force mouvante si précieuse, pour le meilleur emploi de laquelle les propriétaires d'usines s'en remettent le plus souvent à leurs connaissances en Mécanique, aussi bien qu'à leur adresse, faute d'en posséder de suffisantes par eux-mêmes, ou d'avoir le temps d'en faire l'application.

La modification que nous proposerions d'apporter à la forme des augets, consisterait à donner à la cloison qui les sépare, au lieu de la direction *ag*, *bh*, inclinée au rayon, la même direction que ce rayon. Cette légère modification, qui s'exécutera aux dépens d'une planche de plus pour cette cloison, et d'une paroi parallèle au fond de l'auget, donnera des augets dont le profil est représenté par le contour B*op*G, qui, dans la position horizontale, ne contiendra sans doute qu'une quantité d'eau à peu près égale à celle contenue dans l'auget

$Aagf$, mais qui, dans sa course, en perdra successivement une bien moindre portion que ce dernier, puisque arrivé à la position verticale $BopG$, il conserve encore toute l'eau représentée par le contour $qopr$, l'espace pq restant ouvert pour l'introduction et l'émission du fluide.

Je pense qu'il serait plus que superflu d'avoir recours à une démonstration géométrique pour convaincre de l'évidence du résultat de cette modification. Il n'est pas plus nécessaire de démontrer la réalité du second avantage que l'on tirerait de l'emploi de cette forme : ce second avantage consisterait évidemment à éloigner le poids de l'eau du centre de la roue, et, conséquemment, augmenterait l'efficacité de sa pression, effet précisément contraire à celui obtenu de la forme d'augets la plus usitée, et qui n'a d'autre mérite que d'être d'un travail un peu plus simple.

On conçoit d'ailleurs que, quelle que soit la quantité d'eau contenue simultanément dans les augets, dans le cas de repos, il faudrait, pour lui faire équilibre, un poids de matière quelconque absolument égal, en la supposant répartie autour de l'autre partie de la roue, c'est-à-dire de la moitié de sa circonférence occupée par les augets vides, de manière que chaque portion élémentaire du contre-poids total fût en équilibre avec l'auget qu'il devrait balancer. Cette circonstance aurait lieu si, supposant les augets de forme semblable dans l'une et l'autre moitié de la roue, ils avaient seulement l'embouchure tournée en sens contraire, et de façon à recevoir d'un côté l'eau motrice à la partie supérieure de la roue, et à la puiser de l'autre à la partie inférieure. Si la pression de l'eau avait la même efficacité dans le cas de mouvement et dans le cas de repos du corps comprimé, il est sensible qu'en ajoutant seulement à la force représentée par le poids de l'eau contenue dans les augets celle nécessaire pour vaincre l'inertie de la machine et entretenir son mouvement malgré la résistance des frottemens inévitables, il est sensible qu'en supposant encore (qu'on me permette cette fiction) que chaque auget reprît sa première position au moment de recevoir l'eau du réservoir à la partie supérieure de la roue, cette roue éleverait ainsi à une hauteur égale à celle de ce réservoir, une quantité d'eau égale à celle consommée successivement; de façon que, pour rendre complète l'intelligence de ce qui vient d'être dit, si l'on appelle A la quantité d'eau dépensée dans un temps donné; et pour une portion de révolution quelconque, F la force motrice constamment ajoutée à A pour vaincre la résistance des frottemens, A + F sera la puissance totale employée à élever dans un même temps et à une hauteur égale à celle représentée par la portion de révolution donnée, une quantité d'eau égale à A, d'où il résulterait évidemment qu'abstraction faite des frottemens, l'emploi de cet organe mécanique aurait en général pour résultat, d'élever à la hauteur du réservoir un poids égal à celui de l'eau consommée, dans le même temps employé à dépenser cette eau, quelle que soit d'ailleurs l'espèce de machine destinée à cette fin.

Mais il n'en est pas tout-à-fait ainsi dans le cas de mouvement. Il est facile de concevoir que le corps comprimé cédant à l'effort exercé contre lui, l'effet de cet effort en devient moins grand, et qu'il diminue à mesure que la résistance qui lui est opposée diminue elle-même.

De profonds calculs sont plus nécessaires

pour évaluer exactement la perte d'effet dynamique résultante du mouvement du corps comprimé, que pour la concevoir inévitable; mais cette évaluation exacte étant presque inutile dans la pratique, et d'ailleurs les moyens d'y parvenir étant au-dessus de la portée de la plupart des praticiens, il suffit de dire ici qu'obligé d'imprimer un mouvement à cette roue pour en obtenir un résultat quelconque, ce résultat sera d'autant plus grand que la vitesse de la roue sera moindre.

D'après ce principe, la lenteur nécessaire de la roue n'aurait pour ainsi dire pas de borne, si l'égalité de son mouvement n'était une seconde condition presque indispensable de son emploi. L'expérience a fait connaître qu'une roue hydraulique n'a un mouvement sensiblement égal qu'autant que sa vitesse n'est pas moindre de trois pieds par seconde pour chaque point de sa circonférence. Cette observation donne facilement la mesure de la vitesse à imprimer à une roue à pression simple, quel que soit son diamètre, pour en obtenir le plus grand effet possible, joint à l'égalité de mouvement.

Un second défaut résulte de la construction

habituelle de ces roues, ou plutôt du coursier dans lequel elles sont contenues. Destinées à recevoir l'eau le plus souvent à la hauteur de l'extrémité supérieure du diamètre, et toujours au-dessus du diamètre horizontal, l'eau, répandue par les augets à mesure qu'ils se vident dans leur mouvement de rotation, s'écoule librement, et cesse par là de produire aucun effet.

Ce défaut est bien facile à corriger : il ne s'agirait, pour y réussir, que de resserrer la portion de la roue contenue entre le rayon vertical inférieur et le rayon horizontal, du côté des augets chargés, dans un massif construit de manière à ne laisser échapper l'eau que lorsqu'elle aurait produit tout l'effet possible, c'est-à-dire à l'extrémité inférieure du diamètre vertical (1).

Par cette addition, qui ne changerait rien à la construction de la roue, mais qui forcerait seulement l'eau à revenir en apparence sur

---

(1) Cette modification paraît appliquée à une roue à auget, représentée dans la planche VIII, figure 2, annexée au premier volume de l'ouvrage de M. Christian, intitulé *Traité de Mécanique industrielle*.

ses pas, pour suivre la pente du conduit destiné à son écoulement, la roue serait sollicitée à se mouvoir par une force à peu près égale, au-dessus et au-dessous du rayon horizontal, tandis que, par la construction ordinaire, l'eau n'étant plus contenue qu'en très petite quantité dans les augets inférieurs à ce rayon, leur effet est peu considérable; et par conséquent, l'effet total de l'eau dépensée de beaucoup inférieur à celui qu'on pourrait s'en promettre.

En effet, soit ABCD (fig. 2), la circonférence d'une roue à augets recevant l'eau à l'extrémité A du rayon vertical supérieur; si, de l'extrémité B du diamètre horizontal du côté chargé et suivant la courbe de la roue, l'on construit jusqu'à l'extrémité C du rayon vertical inférieur, un massif contre lequel les augets affleurent continuellement pendant leur mouvement, l'eau qui aura échappé à ces mêmes augets avant d'arriver successivement au point B, aussi bien que celle qu'ils auraient encore perdue dans leur chemin du point B au point C, restera resserrée, et exercera sur la roue une pression qu'il est facile d'évaluer.

On observera d'abord que, d'après une loi immuable de la nature, toute pression par un liquide s'exerce toujours dans une direction perpendiculaire à la surface qu'elle comprime. Si la résistance qui s'oppose au mouvement de la roue est assez grande pour ne pouvoir être vaincue qu'autant que la portion affleurant contre le massif BC sera pleine; alors les pressions exercées contre les roues seront de trois sortes, perpendiculaires aux parois latérales de la roue ; celles-ci étant égales, et dans deux directions opposées, se détruisent : perpendiculaires au cercle qui sert de fond aux augets, c'est-à-dire dans la direction des rayons; cette pression étant vaincue par le poids de la roue, pesant sur son axe, n'influe sur son mouvement ni dans un sens ni dans l'autre; reste donc seulement la pression exercée perpendiculairement à la paroi CE de l'auget inférieur, et, par conséquent, perpendiculairement à ce rayon. Cette pression est la seule qu'il soit important d'évaluer, puisqu'elle seule sollicite efficacement la roue à se mouvoir.

Pour obtenir cette évaluation, il ne s'agit que d'égaler la pression exercée au poids d'un prisme ayant pour base la surface comprimée, et pour hauteur la distance de son centre de gravité au niveau de l'eau, c'est-à-dire à cause de la forme et de la position de la paroi EC, = surf. EC $\times$ EF + $\frac{Ec}{2}$. Soit donc la dimension E*c* de l'auget = $\frac{1}{2}$ pied, la largeur ou la hauteur du cylindre que représente la roue = 2 pieds, et le diamètre A*c* = 12 pieds, la surface E*c* sera = 2 pieds $\times$ $\frac{1}{2}$ pied = 1 pied carré, qui, multiplié par EF + $\frac{1}{2}$ EC ou FC — $\frac{1}{2}$ *c*E, ou bien enfin 12 pieds — $\frac{1}{2}$ pied, c'est-à-dire 11 pieds $\frac{1}{2}$ donnent pour produit 11 $\frac{1}{2}$, qui exprime le nombre de pieds cubes du prisme d'eau exerçant sa pression contre la paroi EC; cette pression sera donc égale à 70 livres multipliées par 11 $\frac{1}{2}$, ce qui donne un poids de 805 livres, dont la pression, égale à celle résultante des augets supérieurs au rayon horizontal, supposés pleins, est exercée à la même distance que celle-ci de l'extrémité *c* du rayon vertical (1).

---

(1) Il est facile de démontrer l'exactitude de ce mode d'évaluation.

En effet, la concavité du mur qui enveloppe la

Les avantages de cette construction n'ont pas échappé à tous les mécaniciens. Les Anglais, qui nous frayaient naguère le chemin vers le perfectionnement des Arts utiles, ont appliqué ce système à des roues qu'ils ont soumises à la pression simple de l'eau, déversée non pas à la partie supérieure de la

---

roue n'est pas une condition nécessaire à l'effet que l'on se propose de produire. Cet effet serait encore le même si ce mur, ayant tout autre forme, affleurait seulement à la partie circulaire des parois latérales de la roue; de manière que l'eau ne pût échapper que par le mouvement de rotation de cette roue. Cet effet, dis-je, serait le même, en supposant toujours les augets entièrement pleins, et les planches qui les séparent environnées d'eau de toutes parts, n'ayant aucune influence sur l'effort exercé par le poids de l'eau. Pour se convaincre de cette vérité, il suffit d'observer que, d'après ce que nous venons de dire, l'eau mesurée par ces augets, plutôt que contenue par eux, peut être considérée comme une seule masse figurée par le segment circulaire, ayant pour profondeur celle même des augets dans la direction du rayon, et, pour hauteur verticale, celle de l'arc de cercle occupé par les augets pleins. Or, il est encore évident que la pression exercée par cette masse d'eau sur le rayon qui la soutient, ne dépend pas davantage de la

roue, mais à celle comprise entre le rayon horizontal et l'extrémité inférieure du diamètre vertical.

---

forme circulaire du segment; car soit ce segment représenté par l'arc ADB,

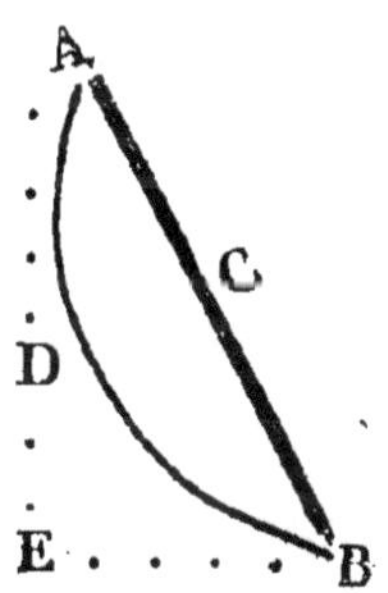

qu'on suppose cet arc formé d'un tuyau creux dont la cavité communique avec celle d'un autre tuyau représenté par la direction de la corde ACB, dont l'orifice se confonde au point A avec l'orifice du tuyau circulaire, l'expérience prouve que, dans ce cas, l'eau contenue dans les deux tuyaux contigus restera en équilibre; donc la pression de l'eau contenue dans le tuyau circulaire n'est pas plus grande que celle contenue dans le tuyau droit. Par la même raison, elle ne l'est pas moins; elles sont donc toutes deux égales, et l'on sait que le poids qui exprime la pression de

Ne pouvant employer les roues d'une forme accoutumée, qui, dans ce cas, se refusent à contenir une quantité d'eau suffisante à produire tout l'effet qu'on veut et doit obtenir du moteur auquel on les soumet, et appréciant toute la perte de force résultant de l'emploi des roues à percussion, telles que les roues à aubes ordinaires, ils ont imaginé une construction à l'aide de laquelle ils ont obtenu un effet en tout égal à celui que produiraient des roues à augets, dans la supposition où la disposition des godets leur aurait permis de s'emplir ; ce qui, comme nous le répétons, est impossible, quand le niveau du réservoir est au-dessous du rayon vertical, dans lequel cas on avait jusqu'alors employé les roues à aubes.

C'est cette troisième espèce de roues dont nous allons faire l'examen.

---

l'eau contenue dans le tuyau droit se mesure par la hauteur verticale ADE de ce tuyau, multipliée par la distance du niveau de la surface du liquide au centre de gravité de la surface comprimée ; et c'est justement le mode d'évaluation que nous avons employé.

§ II. *De celles prenant l'eau par dedans.*

J'ai observé, et je ne peux trop répéter, que la percussion est le moyen le moins avantageux d'employer l'eau comme moteur. Cette vérité, reconnue depuis bien long-temps, et prouvée par l'expérience, avait fait substituer aux roues à percussion, telles que les roues à aubes; celles à pression, telles que les roues à augets, toutes les fois qu'on pouvait disposer d'une chute assez élevée pour déverser l'eau dans les augets à la hauteur du diamètre vertical. Depuis long-temps, et presque partout encore, appartiennent exclusivement à ce système les roues mises en mouvement par de faibles courans d'eau. Deux causes ont sans doute retardé une application plus étendue des principes de l'hydraulique : premièrement, on a dû trouver impossible de faire contenir dans des augets d'une petite dimension un fort courant d'eau comme celui d'une rivière; en second lieu, les rivières ne présentent que peu de sauts, qui excèdent 5 ou 6 pieds, et quel résultat obtenir d'une roue de 6 pieds de diamètre? Comment d'ailleurs, avec un mouvement lent comme celui qui doit être imprimé à ces roues, réussir à consommer l'eau d'une rivière, à moins de lui donner une dimension horizontale passant toutes les bornes de l'art du constructeur? N'ayant qu'un petit nombre de pieds de chute et un grand volume d'eau, et l'effet de la percussion étant bien connu, la dépense d'eau et la vitesse nécessaires des roues à aubes étant grandes, il était tout simple de les préférer aux roues à augets, les seules roues verticales à pression que l'on connût, et dont il eût été le plus souvent, comme nous venons de le reconnaître, impossible de faire usage. Ces roues, d'ailleurs, ont suffi tant que le besoin des manufactures a pu être satisfait par les moteurs existans. Mais l'industrie faisant chaque jour de nouveaux progrès de plus en plus encouragés par les besoins sans cesse renaissans des consommateurs, les moyens de mouvement existans se sont bientôt trouvés insuffisans aux besoins, et le moteur inanimé le plus précieux parce qu'il est le plus utile, ayant ainsi beaucoup augmenté de valeur, les hommes intéressés à l'économiser, ont appliqué une partie de leur industrie à la recherche de quelque moyen de l'employer le plus avantageusement et le plus économiquement possible.

C'est l'Angleterre qui fut le berceau des Arts renaissans ; c'est de cette patrie de la liberté qu'ils se sont ensuite propagés chez les nations les plus civilisées, c'est-à-dire les plus libres de l'Europe, pour devenir progressivement le patrimoine commun à toutes : c'est dans notre belle France, nous le disons avec orgueil, qu'ils ont reçu jusqu'à nos jours l'accueil le plus digne d'eux ; dans ce pays à peine débarrassé des entraves d'une antique barbarie, on les a vus en peu d'années acquérir cette force et cette vigueur qui caractérisent l'âge de la maturité ; mais, nous devons en répéter l'aveu, c'est du sein de l'Angleterre qu'ils ont pris l'essor pour se naturaliser parmi nous ; c'est cette nation à laquelle l'homme civilisé doit tant d'inventions nécessaires à ses plaisirs et à ses besoins ; c'est elle qui, notre aînée dans la carrière de l'industrie manufacturière, ne cesse d'éprouver, avec le besoin de surpasser une rivale naguère son émule, la nécessité de perfectionner les instrumens mêmes de ses succès ; c'est elle aussi qui, privée plus que d'autres de moteurs suffisans, s'est la première efforcée de perfectionner l'emploi de l'eau comme moteur; c'est elle enfin à qui nous devons le premier essai qui ait été fait de roues à pression simple d'une autre construction que celles à augets, dont nous avons traité, quoique se mouvant par la même cause, le poids de l'eau immédiatement appliqué à l'extrémité du rayon.

Les hommes qui réfléchissent n'ont pas tardé, dès que leurs méditations se sont fixées sur ce point, à regarder comme une erreur routinière de croire que l'emploi du simple poids de l'eau ne pouvait être appliqué aux roues hydrauliques qu'autant que la hauteur du réservoir serait au moins égale au diamètre de ces roues; mais ils ont facilement reconnu que l'extension de ce mode d'employer l'eau exigeait une construction nouvelle, et voici à peu près celle qu'ils ont trouvée la plus favorable, telle que le premier modèle en a été importé et exécuté, il y a une vingtaine d'années, en France, où, nous devons le dire, il n'a encore reçu qu'un très petit nombre d'imitations.

La mise en mouvement des roues à percussion diffère de celle des roues agissant par le poids immédiat de l'eau, en ce point, que le mouvement n'est pas produit au premier instant de l'introduction du liquide dans les augets, comme il l'est dès le moment du choc de l'eau contre l'aube de la roue à percussion. Il faut que la puissance se mette d'abord en équilibre, avec repos, avec la résistance, et qu'ensuite une addition de force détermine le mouvement, qui s'accélère en raison de l'accroissement progressif de la puissance, et l'on conçoit que cet accroissement ne trouve de borne que dans la plus grande plénitude possible, ou du moins nécessaire, des augets destinés à recevoir l'eau. Je dis *nécessaire :* en effet, si la résistance n'exige pas, dans le cas de mouvement, leur plénitude entière, le mouvement commence avant qu'ils soient achevés d'emplir. Dès-lors ils échappent au conduit fournisseur, avant de contenir la quantité d'eau qu'ils recevraient si la roue, arrêtée par une résistance plus considérable, se mouvait plus lentement.

La plénitude presque entière des augets, circonstance la plus avantageuse de l'emploi de l'eau sur les roues à pression verticale, est facile à obtenir, au moins quant aux augets supérieurs au rayon horizontal ; mais il est facile de se convaincre, par le seul examen de la forme circulaire d'une roue, qu'ainsi que nous l'avons observé, plus les augets sont placés dans une situation inférieure à ce rayon, et moins il est possible de les faire approcher de la plénitude. Si donc on a une chute de quatre à cinq pieds, et une roue seulement de seize pieds de diamètre, la hauteur du réservoir étant alors à trois ou quatre pieds au-dessous du rayon horizontal, comment fixer, dans les augets d'une roue à pression, la quantité d'eau nécessaire, et pour dépenser toute celle fournie par le courant, et pour vaincre la résistance dont il faut triompher. Tel est le problème qu'ont résolu des praticiens auxquels l'industrie manufacturière doit beaucoup, sans doute, puisqu'ils lui ont donné un moyen, très dispendieux à la vérité, et non dégagé de grandes difficultés d'application ; mais enfin, puisqu'ils lui ont donné un moyen de doubler le produit de l'eau employée jusqu'alors comme moteur, par percussion.

Ce moyen consiste à partager la circonférence de la roue en un nombre de parties égales, le plus grand possible; à fixer d'une manière quelconque, autour de cette circonférence et à chacune de ces divisions, des palettes AB*f*, fig. 3, en tout semblables à celles des roues à percussion, et de les surmonter par derrière les centres de la roue, de planches BC jointes hermétiquement aux palettes, et soutenues par un support fixé d'une manière quelconque. Ces planches font, avec les palettes, un angle obtus ABC. L'intervalle des palettes contiguës est à jour, aussi bien que celui de leurs planches adjointes. Voilà, jusqu'à présent, à bien peu de chose près, une roue entièrement semblable aux roues à aubes, desquelles elle ne diffère que par la manière d'être soumise au moteur.

Pour éviter la percussion, et contraindre l'eau à peser suffisamment sur les palettes, l'on a construit en devant de la roue, et à partir d'une distance, au-dessous du plus haut niveau de l'eau du réservoir, égale à peu près à l'écartement des palettes un massif concave DE, parfaitement uni et dessiné sur la circonférence même décrite par l'extrémité du diamètre de la roue. Une vanne descendante, et non pas ascendante, selon l'usage, empêche ou favorise à volonté l'écoulement de l'eau, qui, passant librement par-dessus cette vanne, en forme de nappe de la profondeur voulue, se déverse sans chute sur la première palette qui se présente à elle. Bientôt l'intervalle d'une palette à l'autre se trouve rempli. Le poids de cette eau ne suffisant pas encore au mouvement de la roue, le trop plein, retenu par le mur concave, passe par derrière la planche BC adjointe à la palette, et retombe sur la palette inférieure. L'intervall qui la sépare de la précédente se trouvan également rempli, le trop plein prend u chemin semblable, et tous les intervalles s trouvant ainsi successivement chargés, o conçoit que, sans le secours d'aucun auget la roue ne tarde pas à céder à la pression exe cée par la masse d'eau, simultanément con tenue et retenue entre toutes les palettes par les parois des murailles latérales qui bo dent le coursier, et contre lesquelles la ro affleure le plus près possible.

Je vais essayer de signaler les défauts inh rens à cette construction, défauts qui o peut-être, plus que tout autre motif, empêc qu'elle n'ait eu beaucoup d'imitations.

A la première inspection de la figure, on doit croire que l'eau contenue entre les palettes ne peut produire qu'un bien faible résultat. La direction de leur poids est verticale, et d'après leur disposition, il est évident que la résultante des pressions qu'elles exercent passe par un point assez voisin du centre de la roue. On remarquera même que, pour peu que la résistance excédât la puissance, l'eau échapperait à la roue par les intervalles qui séparent les planches adjointes aux palettes, d'où il résulterait que la roue resterait dans l'état de repos, en dépit de l'écoulement non interrompu du courant. Comment donc se fait-il que ces roues soient, jusqu'à présent, celles dont l'emploi est reconnu le plus avantageux eu égard à l'effet qu'elles produisent et à la quantité d'eau qu'elles dépensent ? Cette question est résolue par la grandeur horizontale et verticale qu'on leur donne. Etant très grandes dans le sens de leur axe, il est possible de les charger d'une très forte masse d'eau, et de regagner dans ce sens ce qu'on ne pouvait obtenir dans le sens du rayon.

Cette grande dimension horizontale est

absolument nécessaire pour que cette roue réussisse à dépenser la totalité de l'eau fournie par le courant, pour peu qu'elle soit considérable. En effet, elle n'est sollicitée au mouvement que par la pression. Son effet dynamique sera donc d'autant plus considérable, comme nous l'observions précédemment, que sa vitesse sera moindre. Mais, dans le mouvement de rotation, les prismes figurés par les intervalles des palettes et de leurs planches adjointes servent en quelque sorte de mesure à l'écoulement de l'eau. Leur vitesse doit donc nécessairement se mesurer sur l'abondance de l'eau affluente, et pour que cette vitesse soit petite, il faut agrandir la mesure. Ne pouvant le faire dans le sens de la direction du rayon, sous peine d'appliquer sa puissance à un point du levier d'autant moins avantageux qu'il se rapproche davantage du point d'appui, centre de la roue, on a produit le même effet en étendant la roue dans le sens de l'axe; de là la nécessité de donner à ces roues une très grande longueur cylindrique, relativement à leur dimension verticale; de là la nécessité d'un arbre tournant remplissant très difficilement les conditions requises, à cause de sa longueur indispensable; de là la nécessité d'une construction de roue très compliquée, et sujette à de grands frais d'entretien; de là le besoin de grandes dépenses en maçonnerie pour la conduite de l'eau et la nécessité d'un vaste bâtiment, destiné seulement à contenir la roue; de là enfin d'énormes dépenses, inévitables et disproportionnées le plus souvent avec les produits que les spéculateurs se proposent de retirer de leurs usines.

On pourra juger approximativement, et par analogie, de la longueur cylindrique et de la largeur circulaire qu'il est nécessaire de donner à ces roues, d'après le calcul qui suit :

Soit la circonférence de la roue... 64 pieds.
La saillie AB des palettes.......... 1
Leur distance l'une de l'autre... 1

Le prisme d'eau contenu dans l'intervalle qui les sépare aura pour base un trapèze que l'on peut, sans erreur sensible, assimiler à un parallélogramme rectangle, dont la surface sera, à très peu de chose près, égale à un pied quarré.

Donnons à la roue 10 pieds de longueur

cylindrique. Chaque prisme servant de mesure à l'eau dépensée sera égal à 10 pieds cubes. La circonférence étant garnie de 64 prismes pareils, la roue dépensera, par révolution, 640 pieds cubes d'eau. Ayant à sa circonférence une vitesse égale à 3 pieds par seconde, ou 180 pieds par minute; et le nombre de pieds de sa circonférence étant contenu, à très peu de chose près, trois fois dans 180, cette roue, faisant trois tours par minute, videra, pendant ce temps, 1920 pieds cubes d'eau (1).

Une roue telle que nous l'avons décrite, ayant 10 pieds de longueur cylindrique, sur 64 de circonférence, et portant 64 palettes d'un pied de profondeur, non compris les planches adjointes, fera trois tours, et dépensera environ 1900 pieds cubes d'eau par minute.

---

(1) Ce produit n'est pas excessif. On peut se convaincre, par le calcul, que cette quantité d'eau est à peu près fournie par un courant de 2 pieds de profondeur sur 20 pieds de largeur, et coulant avec une vitesse moyenne de 45 à 50 pieds par minute. Un tel courant se range dans la classe mitoyenne des rivières.

Évaluons maintenant l'effet dynamique que devra produire une telle roue, prenant 5 pieds d'eau.

Pour y parvenir, nous tracerons cette roue dans les proportions ci-dessus indiquées, et d'après une échelle quelconque de réduction. Nous observerons d'abord que, d'après notre construction, la hauteur de la chute ayant 5 pieds, 10 palettes seulement éprouvent la pression de l'eau. L'eau contenue dans les intervalles qui les séparent pèse aussi sur le massif concave dans lequel tourne la roue. Mais cette pression ne contribuant nullement à son mouvement, nous n'en tiendrons aucun compte. Nous supposons aussi l'état de repos, parce que c'est celui où la pression, exercée par le poids de l'eau, est le plus efficace.

Cherchons maintenant la valeur de l'effort que le poids de l'eau contenue entre les dix palettes exerce sur cette roue perpendiculairement au rayon.

Nous observerons d'abord que la grandeur du cercle extérieur de la roue, relativement à la hauteur de chaque palette et à la distance qui sépare les unes des autres les palettes contiguës, permet de considérer la coupe du prisme que forme cet intervalle par un plan perpendiculaire à son axe, comme un parallélogramme, quoiqu'en effet ce soit un trapèze. On peut même, se contentant d'une exactitude suffisante en pratique, réunir par la pensée deux de ces parallélogrammes partiels, et concevoir encore leur réunion, comme formant un nouveau parallélogramme, ayant son centre de gravité au milieu de la ligne qui les séparait.

Par ce moyen, le système total sera composé de cinq parallélogrammes contigus et parfaitement égaux, dont le centre de gravité, facile à déterminer, se trouvera sur le rayon qui partage ce système en deux parties égales. Cela posé, tous les rayons de la roue étant fixés l'un à l'autre d'une manière invariable, on conçoit que, pour chaque instant de pression, la roue sera également sollicitée à se mouvoir, sur quelque rayon que cette pression soit exercée, pourvu qu'elle agisse dans la direction de la verticale abaissée sur le centre de gravité du système. On peut donc concevoir la roue sollicitée au mouvement de rotation par le poids total du système fixé au point d'intersection de cette verticale et du rayon horizontal. Il ne s'agit donc plus, pour évaluer l'effet dynamique de la roue, que de mesurer la distance de ce point au centre de la roue. Le double de cette distance sera le diamètre du cercle décrit par le point d'application de la puissance. Multipliant la circonférence de ce cercle par la vitesse et le produit qui en résultera par le poids du système, le produit de cette dernière multiplication servira d'expression à l'effet dynamique de la roue.

Si l'on fait ces opérations avec quelque exactitude, on obtiendra un nombre très voisin de 550,000, par lequel sera exprimé l'effet qu'il s'agit d'évaluer.

Il ne me reste que quelques courtes observations à faire sur cette roue.

On voit facilement que le massif concave dans lequel elle tourne, de manière que le bord extérieur des palettes l'approche le plus près possible, fait toute l'utilité de cette construction. Sans lui, l'eau tomberait dès le premier instant de son émersion au fond de la roue, et, ne pouvant s'élever plus haut que le niveau indiqué par le bord supérieur des planches adjointes aux palettes, s'échapperait presque sans produire aucun effet.

Ce massif est donc absolument nécessaire pour que l'eau soit contrainte à rester entre les palettes à mesure qu'elle y tombe. Rendus ainsi en quelque sorte indépendans les uns des autres, ils produisent le même résultat qu'on obtiendrait d'augets véritables, s'il était possible de les clore par le devant, sans empêcher l'eau de s'y introduire. Il résulte de là que dans cette roue, aussi bien que dans celles à augets, et même dans celles à aubes, le poids de l'eau motrice concourt avec celui de la roue elle-même à charger ses tourillons. Ce défaut inhérent à ce système les expose à casser si l'on n'a soin de proportionner leur grosseur à la surcharge qui en résulte sans aucune utilité.

Cet inconvénient est grave, surtout quand cet organe mécanique est appliqué à un courant à la fois abondant et élevé qui permet de donner à la roue une très grande charge. En effet une roue de 20 pieds de diamètre, armée de palettes distantes d'un pied les unes des autres et d'un pied de largeur sur dix de longueur formant des intervalles d'environ 10 PPP^{ds} chacun, dont 10 sont constamment pleins, est chargée de 7000 livres d'eau, dont la pression s'exerçant verticalement, pèse entièrement sur l'axe qu'elle fatigue, et occasionne une résistance assez importante par la grandeur du frottement qui en résulte sur les coussinets.

Cette circonstance méritant bien d'entrer en considération dans les calculs du constructeur, celui-ci pour éviter la fracture des tourillons, se voit forcé de grossir leur volume et par conséquent d'agrandir leur circonférence, ce qui ne peut manquer d'augmenter encore une de ces résistances passives qui ne sont déjà que trop préjudiciables au mouvement des machines.

En outre, il est facile de voir que la grandeur de l'effet d'une roue construite d'après ce système dépend entièrement de la perfection de son exécution, et que le degré de perfection seulement suffisant est déjà très difficile à atteindre. Premièrement elle doit être bien cylindrique, sous peine de laisser perdre plus d'eau par une extrémité que par l'autre. Secondement ses palettes doivent, par leur bord postérieur, affleurer toutes exactement au même cercle pour que l'ensemble du cylindre rase, presque jusqu'à la toucher, la surface concave dans laquelle il tourne. Cette surface elle-même doit être construite avec la plus sévère exactitude, et de plus les côtés du coursier doivent tellement approcher les extrémités de la roue, qu'ils interdisent par cette partie tout passage à l'eau, toujours prête à échapper à la compression qui résulte de son propre poids.

Toutes ces difficultés s'agrandissent en proportion des dimensions de la roue, et ne peuvent être à peu près surmontées que par une adresse rare à trouver dans les ouvriers, circonstance qui apporte un obstacle de plus à la propagation de ce système.

Il faut même l'avouer, l'invention de ce mode d'employer la pression de l'eau pour obtenir le mouvement des roues hydrauliques ne permet de supposer à son auteur que des connaissances bornées en hydrostatique. Il n'eût fallu qu'un instant de réflexion à tout homme un peu familier avec cette science pour lui faire reconnaître qu'un résultat au moins égal (1) pouvait être obtenu à bien

(1) L'évaluation de ce résultat est beaucoup moins sujette à erreur que celle de l'effet dynamique de la

moins de frais, bien plus facilement et avec une égale dépense d'eau par la pression hori-

---

pression verticale, parce qu'elle n'exige pas, comme celle-ci, que l'on fonde ses calculs sur des mesures souvent difficiles à prendre exactement. La profondeur de l'eau étant donnée du niveau de sa surface à la tangente horizontale inférieure de la roue, il ne s'agit, dans le cas proposé, que de multiplier la surface de la palette comprimée par cette profondeur, diminuée de la moitié de la hauteur de cette palette, c'est-à-dire diminuée d'un demi-pied, ou par 4 pieds $\frac{1}{2}$. Le produit de cette multiplication exprime la valeur de la pression de l'eau en pieds cubes, et cette valeur équivaut à 3150 livres, nombre qui, multiplié lui-même par le triple de la circonférence du cercle décrit par le centre de pression (qui se trouve ici à 9 pieds 8 pouces du centre de la roue), donne pour produit 581,000, nombre qui excède celui trouvé ci-dessus de presque toute l'expression comparative de la force d'un cheval (celle-ci est environ 37,500).

Nous n'osons cependant pas garantir que cette différence, toute à l'avantage du mode proposé, ne soit en partie le résultat de l'inexactitude des mesures qui ont servi de base aux calculs à l'aide desquels nous avons obtenu l'expression de l'effet dynamique de la pression verticale; aussi répétons-nous seulement que le dernier mode proposé, offrait un résultat au moins égal à celui obtenu du mode précédent.

zontale exercée par la colonne d'eau contre la palette inférieure, et qu'il ne fallait pour y réussir que clore circulairement le fond des palettes au lieu d'y laisser une ouverture pour l'introduction de l'eau, qu'on eût laissé couler librement dans un canal creusé à une profondeur au moins égale à celle marquée par l'extrémité inférieure du diamètre vertical de la roue, au lieu de la tenir élevée à son plus haut niveau par une vanne descendante faisant l'office de digue, ayant soin d'élever la roue au-dessus du niveau de l'eau affluente, à l'aide d'un grandin d'une largeur égale à l'intervalle des deux palettes, et creusé de manière que les palettes l'affleurassent à leur passage.

Au moyen de ce grandin on eût évité toute perte d'eau ainsi que l'inconvénient qui eût résulté sans lui de l'immersion des palettes dans l'eau affluente, celui d'enlever avec elles une grande masse d'eau, et de la conserver aux dépens de la force motrice jusqu'au niveau de la surface du courant.

Il est encore évident que la dépense d'eau restait absolument la même, et l'on doit ajouter à ces considérations que la perte qui s'en fait inévitablement, devait être moindre par l'emploi de ce procédé, puisque l'établissement convenable du grandin destiné à la retenir présentait bien moins de difficulté que celui d'un massif concave de cinq pieds de hauteur verticale, et qu'en outre ce grandin ne laissait à l'eau qu'un interstice pour issue, au lieu de dix laissés par le massif.

Ce mode offrait encore l'avantage d'alléger le fardeau à supporter par les tourillons du poids de toute la pression verticale de l'eau, cette pression se trouvant changée en pression horizontale.

Toutes ces vérités importantes ayant échappé à l'auteur de la roue que j'ai décrite, et dont j'ai exposé les principales qualités, il a dû se donner beaucoup de peine à en construire une qui n'est réellement autre que la roue à augets modifiée, dont elle ne diffère qu'en ce que l'une reçoit l'eau au-dessus du rayon horizontal, et en avant des augets, au lieu que l'autre au contraire la reçoit au-dessous de ce rayon et par derrière les augets. Du reste, elle agit comme elle, et l'eau exerce son action sur elle de la même manière, par la pression verticale du poids dont elle est chargée.

La première idée de ce système étant donnée conduit naturellement à son complément, et je me trouve, presque sans le vouloir, amené moi-même à la description d'une roue que j'ai construite, d'après le dernier mode indiqué, celui de la pression horizontale.

Cette roue nouvelle fera le dernier objet de cette dissertation.

CHAPITRE III.

De la roue hydraulique verticale à pression horizontale.

J'AVAIS à renouveler une roue hydraulique sur laquelle jusqu'alors l'eau avait agi par percussion. Bien convaincu du vice inhérent à ce mode, je résolus d'avoir recours à la pression simple. Mais j'avais à vaincre plusieurs difficultés de circonstance. La plus grande consistait dans le peu de largeur du coursier, que je ne pouvais rélargir. L'impossibilité de faire dépenser, par une roue à pression d'égale dimension horizontale à celle que je supprimais, toute la quantité d'eau fournie par le courant, me retint long-temps indécis.

Connaissant bien tous les avantages et les inconvéniens du dernier mode de pression verticale dont nous venons de traiter, ayant dû me rendre compte de la manière dont l'eau exerçait sa puissance sur les roues en usage, je vis que la pression horizontale n'était pas encore appliquée aux roues verticales, et je ne doutais pas qu'il fût possible d'en tirer un parti très utile. Que fallait-il d'ailleurs pour m'en convaincre? Observer et évaluer l'effort de l'eau sur une vanne close.

Séduit par cet aperçu, je pensai d'abord à construire une roue à palettes, et à n'apporter d'autres modifications à celles en usage, que celles indiquées à la fin du chapitre précédent.

Mais pouvais-je m'arrêter à une idée aussi incomplète, quand son complément exigeait de si faibles recherches ?

Je m'aperçus que l'enfonçure de mes palettes était un élément au moins inutile à mon système, qu'il nuirait même à l'effet du moteur en diminuant la surface comprimée dans le sens du mouvement à donner à la roue. Pour corriger ce défaut il ne me restait qu'à élever mes palettes jusqu'au niveau de la surface du réservoir et à leur appliquer toute la pression de la colonne d'eau qui pouvait s'amasser contre elles successivement.

Le résultat de l'exécution d'un tel plan me paraissant assuré, je calculai, avant de commencer l'ouvrage, quelle serait la dépense d'eau de ma nouvelle roue, en lui donnant une longueur cylindrique de deux pieds seulement, et lui imprimant la vitesse requise par le système de pression. Le résultat de ce calcul satisfit pleinement mon attente : il en fut de même de celui que je fis pour évaluer son effet dynamique. Alors je ne m'occupai plus que d'en chercher les moyens d'exécution, d'après lesquels ma roue ne tarda pas à être construite, et à me donner toute la satisfaction désirée.

Je ne décrirai pas en détail ici la construction de cette roue. Le mode en dépend entièrement de la localité, du choix et de l'adresse de l'ouvrier. Mais je m'appesantirai sur toutes les considérations qui peuvent confirmer, dans l'opinion des personnes intéressées au succès des moindres découvertes utiles au progrès des arts industriels, la bonté de ce nouveau système dans ses diverses parties.

Les principaux élémens de la roue à pression horizontale consistent dans des cloisons *a*,*b*,*c*,*d*,*e*, etc. (fig. 4), placées dans la direction du rayon, et appuyées par un moyen quelconque sur les joues latérales ABCD de la roue, placées près l'une de l'autre verticalement à la distance voulue par la longueur cylindrique qu'on veut donner à la roue. Ces joues, formées de planches closant hermétiquement l'une contre l'autre, et régnant jusqu'à la hauteur des cloisons, sont fixées aux rayons ou bras de la roue. Cette machine, dont la construction est simple et facile, n'exige aucun coursier. Il suffit pour obtenir l'effet que la pression de l'eau doit produire sur elle, de la faire tourner dans deux cintres parfaitement dessinés sur la circonférence de la roue, et qui en approchent les joues aussi près qu'il est possible. Ces cintres, qu'il est bon de construire en pierres de taille de trois à quatre pouces d'épaisseur, laissent librement passer entre eux l'eau, qui n'est retenue, dans le fond du courant, qu'à la place occupée par le diamètre vertical inférieur, au moyen d'un seuil arqué de même, selon la circonférence de la roue, et faisant conséquemment suite au cintre de pierres. Ce seuil ayant une largeur égale à l'intervalle de deux cloisons, et une longueur égale à la longueur cylindrique de la roue, l'on conçoit que, abstraction faite de la perte d'eau provenant de l'imperfection inévitable dans tout ouvrage exécuté par la main des hommes, il ne peut pas s'écouler la plus petite portion de l'eau fournie par le courant, avant qu'elle ait produit l'effet qu'on attend d'elle.

La construction de cette roue étant bien comprise, il est temps d'en faire connaître les qualités les plus importantes, et nous les comparerons avec celles de la dernière roue à pression verticale dont nous avons traité.

Nous commencerons par trouver les dimensions qu'il est nécessaire de lui donner pour qu'elle dépense une quantité d'eau donnée, retenue à une hauteur déterminée, et nous prendrons les mêmes bases que celles qui ont servi à établir les calculs relatifs à l'autre roue, que je pourrais, pour la distinguer, nommer *roue anglaise*.

Nous supposerons, comme nous l'avons déjà fait, que le courant fournit 1920 pieds cubes d'eau par minute; que la circonférence de la roue est de 64 pieds, et sa vitesse de trois révolutions par minute. Nous supposerons encore que la résistance qu'elle doit vaincre est assez grande pour que le mouvement, étant limité par elle à une vitesse de trois tours par minute, l'eau affluente reste constamment élevée à cinq pieds de hauteur devant les cloisons, qui s'efforcent de s'opposer à son écoulement.

Cela posé, la quantité d'eau contenue entre deux cloisons contiguës est représentée par un prisme ayant pour base le trapèze formé par ces cloisons *a* et *b* et les portions de cercle DE, et C*b* comprises entre leurs lignes DC, E*b* de jonction avec les joues latérales, et que nous considérerons sans erreur sensible, à cause de leur peu de longueur, comme droites.

La surface de ce trapèze est de 3,75 pieds. Donc, à raison de 64 cloisons, la surface totale des joues occupée par elles sera de 240 pieds.

Donnant aux cloisons 2 pieds 9 pouces de longueur, et conséquemment 2 pieds 9 pouces d'écartement aux joues latérales de la roue, sa dépense sera, à très peu de chose près, de 1920 pppds d'eau par minute pour trois révolutions.

Voilà donc, pour une roue seulement de 2 pieds 9 pouces de longueur cylindrique, à laquelle ajoutant celle des joues, ou plutôt celle des montans, on aura 3 pieds 3 pouces; voilà, dis-je, abstraction faite de l'épaisseur des planches servant de cloisons ou de palettes, dans l'une et dans l'autre, une dépense d'eau égale à celle faite par la roue anglaise, de 10 pieds de longueur. Comparons maintenant leurs effets dynamiques.

La pression exercée sur la cloison verticale, la seule qui puisse y être soumise au même instant, est égale à celle qu'exercerait le poids d'un prisme ayant pour base la surface comprimée, et pour hauteur la distance de son centre de gravité à la surface du liquide; et par la position de la cloison, son centre de gravité se trouve au milieu de la perpendiculaire, qui joint les côtés supérieur et inférieur. Cette distance est donc de 2 pieds $\frac{1}{2}$; et la surface comprimée étant de 13 ppp^{ds} $\frac{3}{4}$, la pression qu'elle éprouve est égale à celle qu'exercerait le poids de 28 $\frac{3}{8}$ ppp^{ds} d'eau, ou 1986 livres.

On sait que cette pression s'exerce aux $\frac{2}{3}$ de la perpendiculaire qui joint les deux côtés opposés de la cloison, à partir de son extrémité supérieure, c'est-à-dire à 3 pieds 4 pouces du côté supérieur, ou bien à 8 pieds 4 pouces du centre de la roue.

Le centre de pression sollicité, selon la supposition, à se mouvoir avec une vitesse égale à trois révolutions par minute, décrira donc, pendant ce temps, trois fois la circonférence d'un cercle de 8 pieds 4 pouces de rayon. La vitesse par minute sera donc, à une petite fraction près, de 165 pieds par minute. Or, le poids qui représente la pression étant égal à 1986 livres, l'effet dynamique sera représenté par le produit de 165 par 1986. Ce produit est 327,690, qui, comparé à celui qui a servi d'expression à l'effet dynamique de la roue anglaise, donne à peu près le rapport de 2 à 3 : d'où il résulte qu'à dépense d'eau égale, mais avec une longueur horizontale de 3 pieds 3 pouces au lieu de 10 pieds, cette roue produira les $\frac{2}{3}$ environ de l'effet dynamique obtenu de l'autre.

Pour apprécier à sa juste valeur la défaveur que cette différence paraît jeter sur la roue à pression horizontale, comparée à la roue anglaise, il faut mettre en balance d'une part, avec la grandeur de son produit, l'élévation du prix de la roue anglaise, et la difficulté que présente sa construction, et de l'autre avec un produit d'un tiers moindre que celui de la première, la simplicité de la construction, le peu d'étendue horizontale qu'elle réclame, et les avantages qu'elle présente relativement à son produit sur les roues à percussion.

Jusqu'à présent, nous avons supposé la roue à pression horizontale construite de manière à consommer la plus grande quantité d'eau possible avec la moindre longueur cylindrique. C'est cette circonstance qui diminue l'effet obtenu de ce mode de pression, eu égard à la dépense d'eau. Nous allons maintenant indiquer un moyen assuré d'augmenter considérablement ce produit, mais ce ne sera qu'aux dépens de l'avantage que présentait la première construction, celui de n'occuper qu'un court espace horizontal.

Revenons à notre construction (fig. 4). La pression exercée contre la cloison verticale inférieure n'est dépendante, comme nous l'avons observé, que de la hauteur de la colonne d'eau élevée devant cette cloison, et de la surface qu'elle oppose à l'écoulement de l'eau. Elle est entièrement indépendante de la distance de cette surface à celle de la cloison qui la suit. Il en faut conclure que si cette cloison en était rapprochée jusqu'à une très petite distance, telle que trois pouces, par exemple, la pression qu'éprouverait la cloison comprimée resterait exactement la même. Le même résultat aurait évidemment lieu si ces cloisons étaient d'une épaisseur telle, que la face antérieure de l'une d'elles s'approchât à trois pouces de la face postérieure de celle qui lui est contiguë. Or, cette modification dans la construction ne présente aucune difficulté notable, et l'avantage qui en résulterait serait de la plus haute importance.

En effet, la dépense d'eau faite par cette roue, telle que nous l'avons établie, est de $10\frac{5}{16}$ ppp^ds^ par intervalle d'une cloison à l'autre, abstraction faite de leur épaisseur. Si par une augmentation apportée à cette épaisseur, on réduisait à 3 ppp^ds^ le solide d'eau contenu entre ces cloisons, la dépense d'eau serait évidemment à celle occasionnée primitivement :: 3 : $10\frac{5}{16}$, et l'effet dynamique resterait le même. Si maintenant, conservant ce nouveau système de construction, on augmentait l'écartement des parois latérales, c'est-à-dire la longueur cylindrique de la roue, dans le rapport renversé de $10\frac{5}{16}$ à 3, on augmente rait dans la même raison son produit et sa dépense. Cette dépense redeviendrait donc égale à 1920ppp^{ds} par minute. Sa longueur cylindrique, y compris l'épaisseur des montans 10ppp^{ds}, et la pression exercée contre les cloisons successivement, égale à celle d'un poids de 6826 livres.

Il résulte de ce qui précède qu'à égale dépense d'eau, et longueur cylindrique égale, l'effet dynamique de la roue anglaise devient relativement à celui de la roue à pression horizontale comme 550,000 est à 1,126,434 (1); c'est-à-dire que l'effet de la première ne s'éleverait pas tout-à-fait à la moitié de celui de la seconde. En définitif, l'avantage reste donc tout entier à ce système. Pour achever de nous en convaincre, examinons les moyens à employer pour réaliser le résultat offert par nos calculs; ces moyens pourraient seuls en

---

(1) Un calcul plus exact, n'étant pas fait par proportion, a donné pour expression dynamique le nombre 1,312,500; le poids de la colonne d'eau ayant été trouvé, comme il l'est bien réellement d'après la construction donnée, égal à 8,950. Je renvoie le lecteur, pour apprécier ce calcul, à la note de la page 61.

diminuer le mérite, s'ils présentaient des difficultés d'exécution suffisantes pour les faire rejeter.

Celui que je propose, de diminuer la distance que de simples planches servant de cloisons laisseraient entre elles, est d'accoler, chose très facile, à la face antérieure de chacune d'elles une boîte hermétiquement close *apq*, qui règne depuis l'orifice supérieur jusqu'à l'orifice inférieur de l'espace qui les sépare, et dont la capacité soit égale à celle renfermée dans cet espace, moins celle que l'on voudra laisser pour celui destiné à être occupé par l'eau.

Ainsi, dans la construction donnée (fig. 4), la capacité du prisme qui a pour base l'espace compris entre chaque cloison étant égale à $10\frac{5}{16}$ ppp^{ds}, la boîte aurait un volume égal à $10\frac{5}{16}$ ppp^{ds} moins 3, c'est-à-dire $7\frac{5}{16}$ppp^{ds}, et sa capacité intérieure pourrait contenir environ 7 ppd^{ds}, qui, accrus dans le rapport de 3 à $10\frac{5}{16}$, donneraient environ 24 pieds cubes. L'on objectera peut-être que l'immersion d'un aussi grand volume d'air dans l'eau consommera en pure perte une très grande partie de l'effet dynamique de l'eau, et l'on demandera si la quantité restante sera suffisante pour conserver à cette roue les avantages qui semblent la rendre préférable à toute autre.

Il ne se présenterait aucun moyen de lever la difficulté que semble offrir cette objection, que d'après des calculs déjà faits, je répondrais affirmativement. Mais je ne contraindrai pas l'attention de ceux qui prennent quelque intérêt au succès de l'organe mécanique que je propose, à s'occuper de calculs qui deviennent superflus, du moment où cette difficulté peut elle-même être détruite; en voici le moyen : il consiste simplement à remplir les boîtes d'une substance de pesanteur spécifique au moins égale à celle de l'eau (1).

---

(1) L'eau pourrait être la substance la plus avantageuse à employer à cet effet, puisqu'elle se met naturellement en équilibre avec elle-même. Pour s'assurer de la constante plénitude des boîtes, il ne s'agirait que de fixer dans l'intérieur de la paroi inférieure de la boîte placée verticalement, une petite soupape qui céderait à la pression, lorsqu'elle devrait s'introduire, et se fermerait également lorsque l'eau de l'intérieur presserait dans le sens contraire. On ajouterait un très petit trou à la paroi opposeé pour l'échappement libre de l'air qui pourrait s'y introduire.

Je serai cependant forcé de reconnaître que cette addition augmentera beaucoup le poids de la roue, circonstance qui, sans diminuer sensiblement son effet dynamique, apporte au moins quelque difficulté de plus à son établissement. Cet inconvénient n'est pourtant pas aussi grave qu'il paraît l'être au premier aperçu.

D'abord dans la construction qui sert de base à nos calculs, il suffit de l'inspection de la figure pour voir que ce n'est que de la part d'une petite partie des cloisons immergées que la résistance provenant de la légèreté relative de l'air pourrait exercer en sens inverse du mouvement à donner à la roue un effort notable, et l'on remarquera que, par la position même de celles-ci, cette résistance agit dans une direction de plus en plus près de se confondre avec celle de la puissance représentée par la pesanteur de la roue elle-même, puissance plus que suffisante pour la vaincre.

Ce trou, étant trop petit pour que la perte d'eau qu'il occasionnerait fût sensible, garantirait, d'une manière certaine, de l'inconvénient qui résulterait d'une introduction d'air successive.

Il résulte de cette observation que si l'on fixait à chaque boîte dans la partie qui en est la première immergée, seulement la moitié du poids total de l'eau déplacée par l'air, cette quantité serait suffisante pour rendre presque insensible la résistance produite par la portion d'air restant dans les boîtes. Or la capacité de chaque boîte est, selon la supposition, égale à environ 24ppp^{ds}, dont la moitié serait de 12 ppp^{ds}, qui, multipliés par 64, donneraient 768 ppp^{ds}, qui, à raison de 70, feraient 53,760 livres, ajoutés à la charge à supporter par les tourillons. Mais une considération aidera à faire disparaître une partie de l'inconvénient qui paraît en résulter.

Les roues à pression verticale présentent cette circonstance, que le poids qui sert de mesure à l'effort que l'eau ne cesse d'exercer sur elle, pèse entièrement sur leurs tourillons; cette circonstance n'existe pas à l'égard des roues à pression horizontale. Nous avons trouvé que la pression exercée sur la roue anglaise égalait 7,000 livres. Soustrayant cette quantité de 53,760, il reste encore à la vérité une différence de 46 à 47 milliers. Cette augmentation apportée au poids d'une roue, dont l'effet dynamique excède celui obtenu de la force de 35 chevaux, sera-t-elle considérée comme un grave inconvénient, par ceux qui savent que l'on construit journellement des roues bien moins puissantes, dont toute la monture est en fonte de fer. Le sera-t-elle par ceux qui connaissent toute la charge que des tourillons bien exécutés peuvent supporter?

Au reste, l'on voudra bien observer que si j'ai présenté d'une part un *maximum* de difficultés, j'ai offert de l'autre part des avantages bien plus que suffisans pour les contre-balancer, puisque j'ai plus que doublé le produit de la force motrice employée par la roue anglaise. Il reste donc une grande latitude pour diminuer l'importance de l'inconvénient avant d'arriver à la perte des avantages offerts (1).

---

(1) J'ai calculé qu'une roue de 20 pieds de diamètre sur 10 de longueur, cylindrique entre les joues latérales destinées à retenir l'eau, divisée en 40 compartimens, prenant 5 pieds d'eau, et ayant ses compartimens remplis de manière qu'il reste 3 pouces d'intervalle entre une cloison et la boîte de remplissage qui la suit, et 4 pouces de vide entre la paroi

A toutes ces considérations, j'en ajouterai une qui peut-être relèvera le prix de la conception que je soumets au jugement des personnes instruites. J'ai appliqué jusqu'à pré-

---

inférieure de chaque boîte, vue dans la position verticale, et le seuil du fond du noc, pour la libre circulation de l'eau entre ces cloisons et les boîtes, dépenserait, à raison de trois tours par minute, déduction faite d'un pouce d'épaisseur donnée à chaque cloison, 1800 pieds cubes d'eau par minute. La pression exercée sur chaque cloison successivement, serait égale à la surface multipliée par $2\frac{1}{2}$ ou $= 50\ pp^{ds} \times 2\frac{1}{2} = 125$, c'est-à-dire égale à la pression exercée par le poids $125 ppp^{ds}$ d'eau (ou 8750 livres) appliqué à 20 pouces de l'extrémité du diamètre. Ce point d'application décrirait donc un cercle de $16 p^{ds}$ $8 p^{ces}$ de diamètre, et sa vitesse serait de $150 p^{ds}$ par minute, qui, multipliés par le nombre trouvé 8750, donne 312,500 pour expression de la force dynamique d'une roue remplissant les conditions énoncées, abstraction faite de la résistance provenant de l'immersion de l'air dans l'eau, résistance que l'on peut diminuer autant qu'on le veut, par les moyens indiqués ci-dessus. Cette roue peut donc évidemment produire un effet plus que double du maximum à obtenir de la roue anglaise, l'expression de ce maximum n'excédant pas 550,000, comme nous l'avons vu précédemment.

sent tous mes calculs à une profondeur d'eau de 5 pieds, et par conséquent à une immersion égale. Mais l'inconvénient qui en résulte diminuerait en raison de cette profondeur, et s'annulerait presque entièrement si, par exemple, comme le cas s'en présente si fréquemment, le courant d'eau disponible n'avait que d'un à deux pieds de profondeur avec une grande largeur.

Il est facile de se convaincre que la différence de cette profondeur, avec celle qui nous a servi de base, anéantirait presqu'en entier l'efficacité de la résistance de l'air immergé, parce qu'alors elle agirait dans une direction très rapprochée de celle du rayon vertical et conséquemment de celle de la résistance apportée par le centre de gravité de la roue; et que cette résistance diminuerait encore de beaucoup par la diminution de volume immergé. Dans un cas pareil, à peine serait-il nécessaire de rétablir l'équilibre entre l'eau et l'air immergé, et le peu d'augmentation de poids qui résulterait pour la roue, du rétablissement qu'on jugerait à propos d'opérer, ne vaudrait pas une objection.

Quoi qu'il en soit, nous restons fermement

convaincu que ce nouveau système de construction de roue hydraulique présente, dans tous les cas où il est possible de l'appliquer, de grands avantages sur ceux qui l'ont précédé. Nous en reconnaissons journellement l'évidence par l'emploi de celle que nous avons exécutée. Nous regrettons seulement de n'avoir pu, avant de la soumettre au jugement des connaisseurs, y faire l'addition des perfectionnemens que nous avons indiqués, et que des circonstances particulières à la localité ont seules rendus juqu'à ce jour impraticables.

Dans le cas même où cette nouvelle conception ne devrait être regardée que comme une ébauche, nous espérons que, présentée à quelque savant plus capable que nous, elle deviendra le germe d'un perfectionnement important dans l'emploi du plus précieux moteur que puissent utiliser les arts mécaniques.

NOTE SUPPLÉMENTAIRE.

Depuis que ces idées sont livrées à l'impression, j'ai fait, sur la roue à pression horizontale que j'ai exécutée, l'expérience des boîtes de remplissage. Je vais soumettre aux personnes qui portent quelque intérêt au succès de cette expérience, tous les détails propres à leur en faire apprécier le résultat à sa juste valeur.

La figure 5 représente la portion de la roue immergée dans une profondeur de 4 pieds d'eau. Cette roue a 13 pieds 6 pouces de diamètre, et 22 pouces de longueur cylindrique entre les joues latérales destinées à retenir l'eau contre les cloisons comprimées par elle.

Avant d'exécuter le projet d'économie d'eau que j'ai formé, j'ai voulu savoir au plus juste quel avantage j'en recueillerais en définitive, en laissant subsister le défaut du vide des boîtes, c'est-à-dire, en ne détruisant pas la résistance de l'air immergé.

Ayant tracé une roue, comme elle l'est ici, sur une échelle de réduction, et ayant figuré la place occupée par la partie de la capacité intérieure des boîtes continuellement immergées, j'en ai calculé la solidité, en multipliant les surfaces des figures A, B, C, D, E, F, G, par la longueur des prismes auxquels ces figures appartiennent. Cette longueur est de 2 pieds $\frac{1}{2}$, qui, multipliés par 827 $\frac{1}{3}$ pouces quarrés, m'ont donné 16,951 pouces cubes, ou environ 9,81 pieds cubes, devant peser 687 livres.

La résistance que l'immersion de l'air apportait au mouvement de la roue devait donc être égale à la pression exercée par un poids de 687 livres.

Pour apprécier le tort que devait me faire cette résistance, il fallait encore savoir à quelle distance du centre de la roue elle s'appliquait.

Pour y parvenir, ayant divisé les figures A, B, C, D, E, chacune en deux triangles, et supposant (ce qui pouvait se faire sans erreur sensible) la figure F égale et semblable au triangle G, j'ai cherché les centres de gravité des triangles 1, 2, 3, 4, 5, 6, 7, 8, 9, 10, 11 et 12, par le procédé de la composition des forces parallèles, et j'ai trouvé que le point d'application X de cette résistance était à 2 pieds 6 pouces du centre de la roue.

Or, la pression exercée par la colonne d'eau étant de 1078 livres, et le point d'application en étant à 5 pieds 2 pouces du centre, la résistance se trouvait réduite à un effectif de 333 livres, qui, déduites de 1078, laissaient un reste égal à 745.

Maintenant l'économie d'eau résultant de l'emploi des boîtes est d'une quantité excédant moitié; soit moitié. D'après cet exposé, je devais être assuré de pouvoir obtenir, de deux roues semblables à la mienne, ou d'une roue ayant le double de longueur cylindrique, un résultat exprimé par le double de 745, multiplié par la vitesse, ou bien cette vitesse restant la même dans tout état de chose, égal au double de 745, c'est-à-dire, à 1430, qui, comparé à 1078, donnait un excédant de près de moitié en sus.

D'après tout ce qui vient d'être dit, je ne

devais pas douter non plus de la résistance que j'apporterais au mouvement de ma roue. Je devais diminuer son effet dynamique à peu près du tiers. Cette considération étant plus que compensée par l'avantage résultant de l'économie de l'eau, et me réservant d'ailleurs la faculté d'en faire disparaître plus tard l'inconvénient, j'ai fait exécuter cette modification, et dès le premier essai, je me suis aperçu que ma roue, mue par une même colonne d'eau, et faisant travailler les mêmes machines, ayant conséquemment à vaincre la résistance utile ordinaire, ne faisant par minute que 5 à 6 tours au lieu de 7 à 8, résultat qui confirma parfaitement la justesse de la théorie et l'exactitude de mes calculs. Encore dois-je observer que les boîtes étant faites en bois, et conséquemment ayant une pesanteur spécifique moindre que celle de l'eau, ont dû apporter au mouvement de la roue un surcroît de résistance, qui disparaîtra graduellement par le service, et que par cette raison je n'avais pas prise en considération dans mes calculs. La quantité de bois simultanément immergée peut être égale à environ 5 pieds cubes, dont la résistance très sensible ne tardera pas à laisser à sa place une grande augmentation de produit à mesure que ce bois s'imbibera d'eau jusqu'à parfaite saturation.

J'espère que ce résultat satisfera complètement les personnes mêmes qui n'osent juger les théories les mieux fondées en raison, qu'éclairées par la lueur quelquefois trompeuse de l'expérience.

FIN.

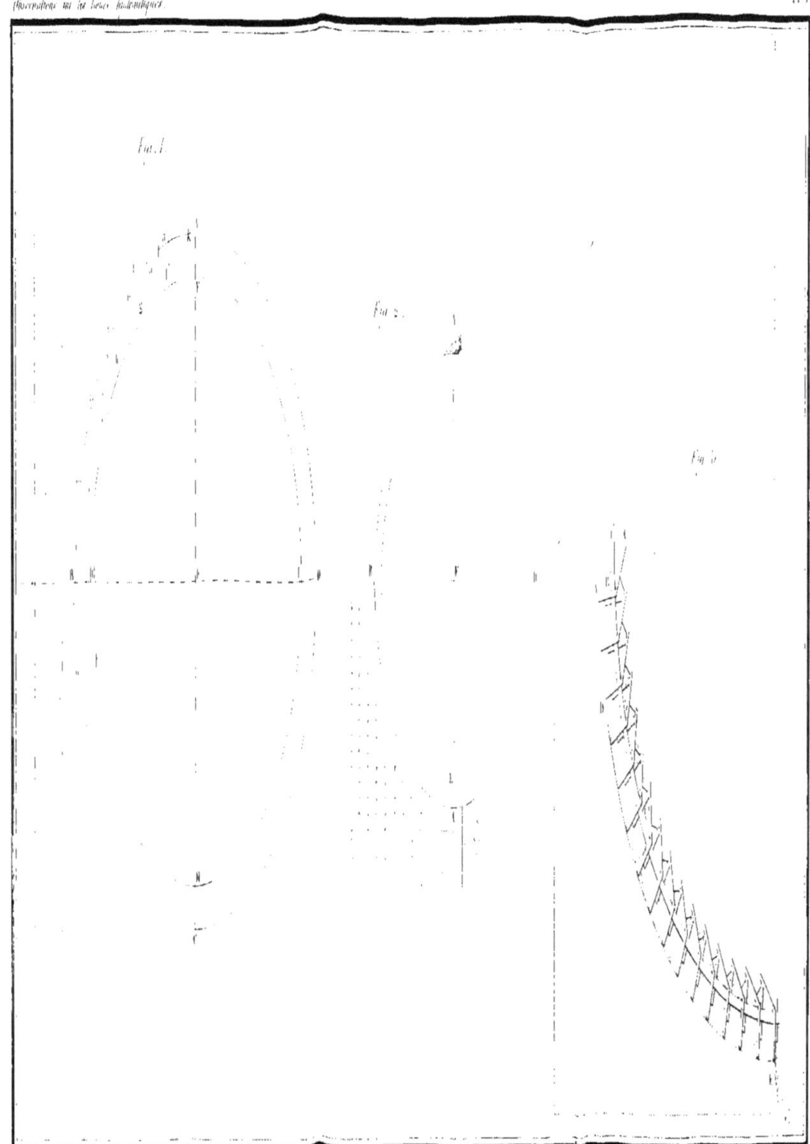
Fig. 1.
Fig. 2.

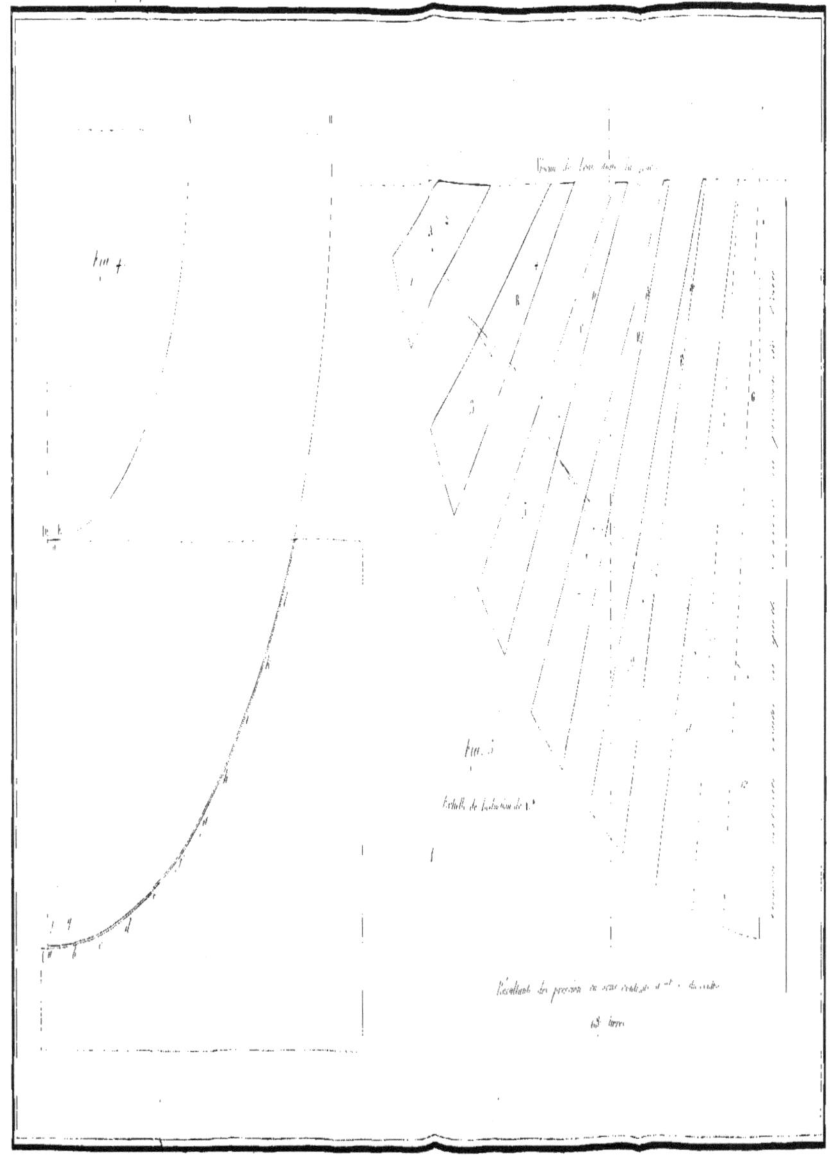
Fig. 4
Fig. 5

www.ingramcontent.com/pod-product-compliance
Ingram Content Group UK Ltd.
Pitfield, Milton Keynes, MK11 3LW, UK
UKHW021627260726
13994UKWH00003B/1106

9 782329 327297